《电力电缆故障测寻技术操作手册》编委会　编著

电力电缆故障测寻技术操作手册

案例篇

天津大学出版社
TIANJIN UNIVERSITY PRESS

目　录

第8章 典型故障案例

8.1 接地故障

8.1.1 10kV 热缩中间接头进水故障案例

1. 故障线路情况

10kV 光大线投运于2012年2月，混合线路，10号塔至11号塔电缆段发生故障，电缆为双缆，通道长度为1.645km，有热缩中间接头3组，电缆敷设方式为直埋，故障位置为绿化坑内，如图8-1所示。

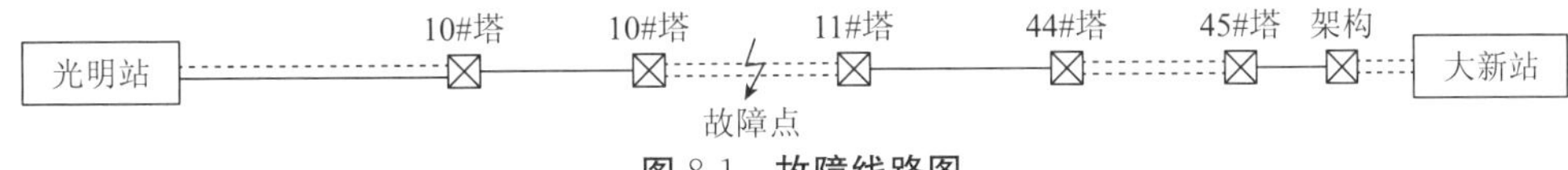

图8-1 故障线路图

2. 故障测试仪器

本次故障位置初测使用的是某车载式高压电缆故障定位系统,定点选用的是某智能精确定点仪。

3. 现场故障测寻

1)故障性质诊断

调度通知:光大线零流Ⅲ段保护动作,线路单相接地,重合不良,经摇缆选段,确定故障电缆段为10号塔至11号塔双缆Ⅰ号缆。经过运维人员故障巡视,未发现电缆通道有施工痕迹,排除外力可能。

兆欧表测绝缘电阻,其中A相到零,B相∞,C相∞;万用表进行导通性测试,测量测试端A与B、B与C、A与C之间的电阻均为0,发现无断线;万用表测A相电阻为2MΩ,按照测试设备情况,确定故障性质为高阻接地故障。

2)故障测距

选择故障初测模式中的二次脉冲法进行初测,测试波形如图8-2所示,波形在光标1.06km处出现了明显的分歧点,判定为故障点。

3)故障定点

经查阅图纸,计算距离后,确定故障大概位置。用声磁同步法定位,在可疑距离位置未听到明显放电声,用定点仪在可疑位置先找到稳定数字信号,再逐步缩小范围,找到声信号最大、数字最小位置，确定故障位置，如图 8-3 所示。

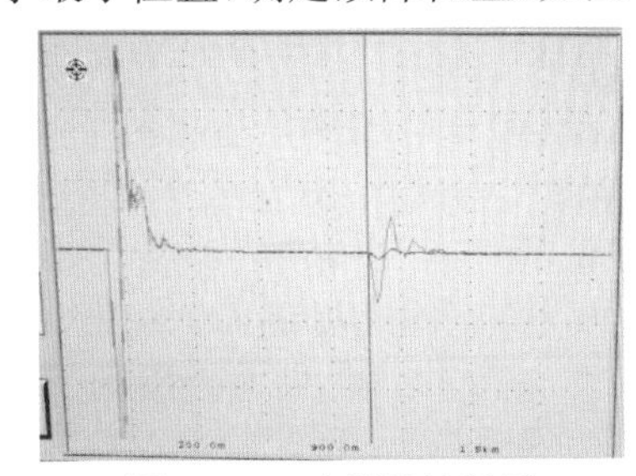

图 8-2　二次脉冲法波形

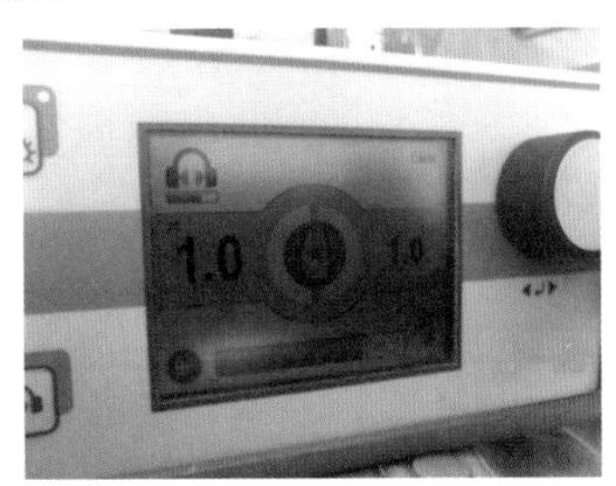

图 8-3　定点仪位于故障点正上方

4. 故障原因分析

通过对接头外观进行检查，发现接头中部有一 8cm×10cm 椭圆形击穿点，通过击穿点可看到电缆线芯及压接管；在接头端部可看到另一 3cm×3cm 小洞，如图 8-4 所示。

将外护套去除，可看到铜网锈蚀，内外护套间有水迹；内护套中部、端部有大面积破损（对应外护套上的两处击穿点），通过破损点可看到故障相（A 相）热缩管破裂，且有一红色管材凸出。

将内护套打开，故障相取出后，发现凸出物为故障相红色绝缘管，并且已与故障相脱离。将三相线芯取出，发现故障相中部、端部击穿，另外两相未发现异常；从故障相端部向压接管方向看,发现黑红管与电缆之间因红色绝缘管缺失而中空。

将黑红管打开,发现红色绝缘管损伤严重,表面有放电痕迹,黑红管内部烧蚀严重,击穿点位于接管端部。将红色绝缘管去除,发现黑色应力控制管已烧毁。通过对非故障相进行解剖,发现接头尺寸正常,绝缘表面硅脂均匀,黄胶缠绕均匀完好,未发现异常情况。

通过解剖发现,各层热缩管之间存在水迹,热缩管端口红胶热熔不到位,绝缘管表面存在放电痕迹,如图 8-5 所示。通过以上现象判断此次故障原因为接头制作过程中热缩不到位,导致接头防水性能不佳,接头进水会在绝缘表面流过泄漏电流,导致绝缘体表面过热,局部炭化、烧蚀,最终形成贯穿的放电通道引发击穿。

综上所述,本次故障的主要原因为安装质量不良。

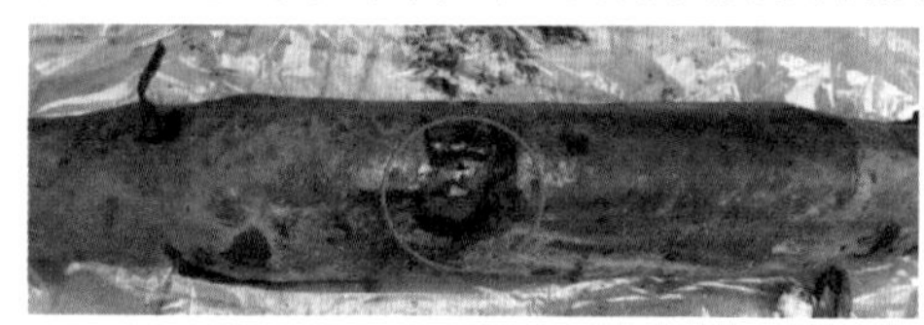

图 8-4　故障电缆故障点

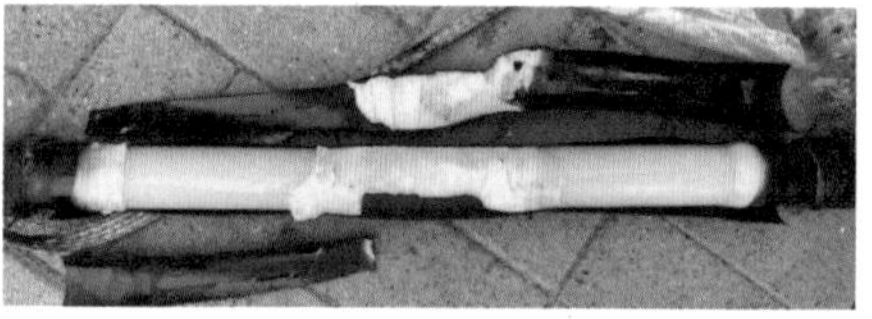

图 8-5　故障电缆现场解剖

小贴士

(1)电缆故障定点时，需要准确的图纸资料和明确的电缆路径，这样有利于提高故障定点的效率。

电缆及通道资料应有专人管理，建立图纸、资料清册，做到目录齐全、分类清晰、一线一档、检索方便。根据电缆及通道的变动情况，及时动态更新相关技术资料，确保与线路实际情况相符。

电缆故障测寻资料应妥善保存归档，以便以后故障测寻时对比。每次故障修复后，要按照公司生产管理信息系统的要求认真填写故障记录、修复记录和试验报告，及时更改有关图纸和装置资料。

(2)电缆高阻、低阻有时并无明确的界限，需要根据测试设备本身的容量、性能等情况合理选择测试方法，提高测试效率。

(3)热缩中间接头制作时，进行管材热缩时，应当用大小合适的火焰均匀环绕加热，使其收缩，挤出内部空气。收缩后，在应力控制管与绝缘层交接处应绕包应力控制胶，绕包工艺满足要求。

8.1.2 10kV冷缩中间接头附件产品质量不良故障案例

1. 故障线路情况

10kV永明一线投运于2016年12月,单缆,线路长度5.038km,有热缩中间接头8组,近十年运行正常未出现过故障,有冷缩中间接头3组,为切改后新设电缆接头。电缆敷设方式为排管+直埋,热缩接头电缆段采用直埋敷设,冷缩接头电缆段采用排管敷设,接头位于工作井内,过路为拉管,故障位置为冷缩接头处,如图8-6所示。

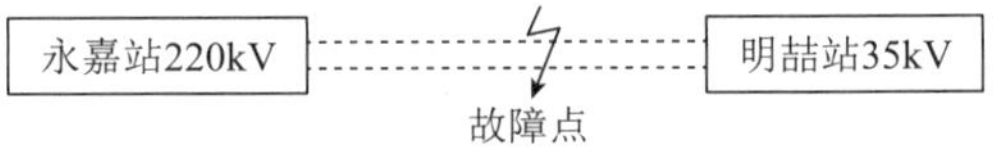

图8-6 故障线路方式图

2. 故障测试仪器

本次故障位置初测使用的是某车载式高压电缆故障定位系统,定点选用的是某智能精确定点仪。

3. 现场故障测寻

1)故障性质诊断

调度通知:永明一线零序过流保护动作掉闸。经过运维人员故障巡视,未发现电缆通道有施工痕迹,排除外力可能。

检修人员开展摇缆工作,兆欧表测绝缘电阻,其中A相∞,C相∞,B相为零;万用表进行导通性测试,对端三相短接且不接地,测量测试端A与B、B与C、A与C之间的电阻均为0,排

除断线故障;万用表测 B 相电阻为 72kΩ,按照测试设备情况,确定故障性质为高阻接地故障。

2)故障测距

现场接完引线以后,首先选择二次脉冲法进行测距,未出现典型波形;然后采用脉冲电流法,出现如图 8-7 波形,距离永嘉站 2.88km。

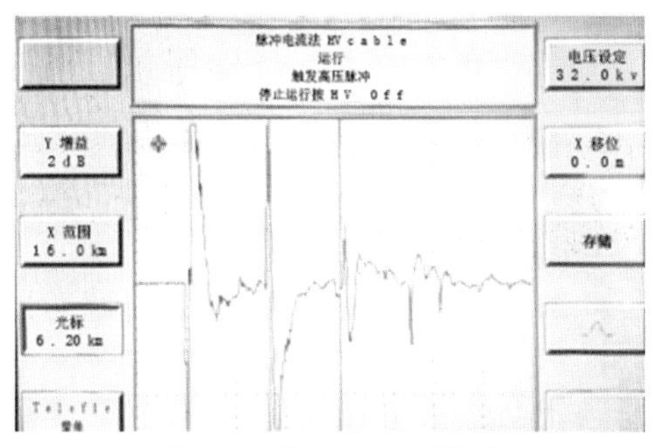

图 8-7　脉冲电流法波形

3)故障定点

经查阅图纸,计算距离后,确定大概位置。用声磁同步法定位,在可疑距离位置未听到明显放电声,用定点仪在可疑位置前后先找到稳定数字信号,逐步缩小范围,找到声信号最大、数字最小位置,即为故障位置。

4. 故障原因分析

把三相线芯从防水胶中取出后,可以看到 A 相、C 相外观未发现异常,B 相接头主体边缘部分存在放电击穿,如图 8-8 所示。将接头主体从中间切开,A、C 相绝缘及主体内表面良好,B 相接头有贯通的放电通道,且半导电带缠绕松散,如图 8-9 所示。

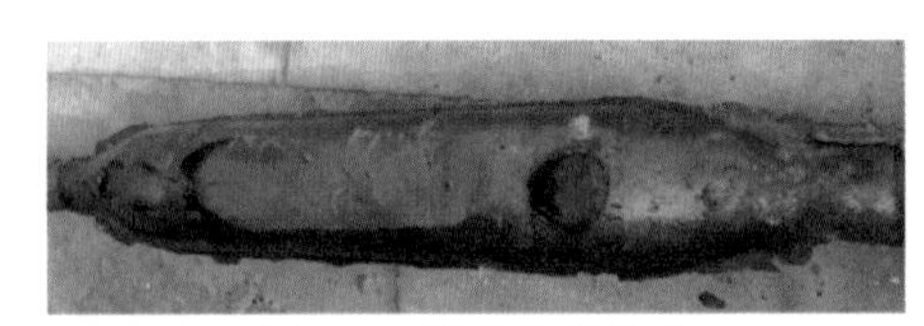

图 8-8　故障中间接头

图 8-9　故障电缆解剖图

观察 A、B 相具体细节,压接管外半导电带缠绕不均匀,未与绝缘缠平,并且线芯外露,倒角处理粗糙,绝缘表面未涂抹硅脂。

通过观察故障相细节,发现绝缘表面及接头主体内表面均存在贯通的放电通道。

通过上述解剖现象可以做出以下判断:接头制作工艺不良,压接管外半导电带未均匀缠绕,未与绝缘表面齐平,线芯外露,且半导电带边缘松散,绝缘表面未涂抹硅脂。

本次故障为接头主体内表面和绝缘表面存在电位差,长期放电灼烧导致形成贯通的通道,进而放电击穿。结合该附件接头历史故障的情况,分析应为自身产品在接头场强分布控制方面存在问题，在很大程度上与附件自身绝缘材质有关，因此产品质量不良应为此次故障的主要原因。

小贴士

电缆高阻故障往往较难出现比较典型的放电波形，此时可对故障相施加一定时间的冲击高压，然后采用二次脉冲或脉冲电流进行故障测距，待出现较为典型波形后，即可确定故障点大概距离。如果初测无典型波形出现，此时可以结合运行经验，先对怀疑的接头等位置进行听测。

故障测寻最终目的是为了在最短时间内确定故障的位置，并进行检修。所以，在初测困难的时候，一是要分析不出现典型波形的原因，二是可以对重点怀疑部位或短段电缆优先进行定点。

本次故障的主要原因为产品质量原因，次要原因为制作工艺不良。为防止类似故障，应做好如下工作。

(1)加强设备验收。对于附件要监督型式试验、出厂试验、交接试验等相关工作，认真审查试验报告，做好试验过程监督旁站。

(2)做好关键施工工艺监督。对于10kV冷缩附件安装，关注如下关键工艺。

①要按照图纸尺寸进行施工，控制尺寸的误差范围。

②用刀要注意剥切深度,每剥除一层不可伤及内层结构。

③半导电层断口应当平滑、圆整,不得有毛刺、尖端、撕裂口等现象。

④电缆绝缘层剥除后,应用细砂纸打磨主绝缘表面,使其光滑且无损伤的痕迹,无半导电黑点残留。清洁绝缘层必须用清洁溶剂从绝缘向半导电方向进行擦拭,严禁用接触过半导电的清洁纸清洁主绝缘表面。

⑤应力锥要安装到位,位置要控制好,防止位置偏差过大,而影响应力锥的作用。

8.1.3 110kV电缆中间接头封铅不良引发故障案例

1. 故障线路情况

110kV 迎科线为架空混合线路,电缆段为东大 2 号塔至 3 号塔,长度为 7.2km,电缆型号为 ZC-YJY03-64/110kV-1×800mm^2,电缆有 11 组中间接头,如图 8-10 所示。

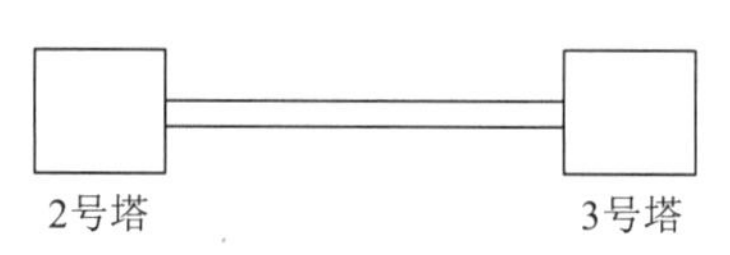

图 8-10 故障线路示意图

接调度通知线路掉闸后,运行人员立即开始查线,未发现外力破坏迹象,电缆终端无异常。

2. 故障测试仪器

本次故障位置初测使用的是某车载式高压电缆故障定位系统,定点选用的是某智能精确定点仪。

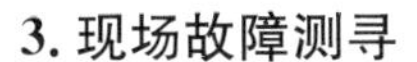

3. 现场故障测寻

1)故障性质诊断

试验人员对故障电缆三相分别进行绝缘电阻测试，发现电缆 A 相绝缘电阻不合格，绝缘电阻为 1.2MΩ，用万用表进行导通性测试，将对端三相短接，用万用表测量测试端 A 与 B、B 与 C、A 与 C 之间的电阻均为 0，排除断线可能，判定故障为高阻接地故障。

2)故障测距

用低压脉冲法校验全长后，选择故障初测模式中的二次脉冲法进行初测，得到典型波形，距离测试端 4.05km，如图 8-11 所示。故障波形显示，分界点在第七个接头位置(正常线路接头位置波形类似一正弦波)。按照故障定位距离查图纸得知，此处确实有一中间接头。

3)故障定点

测试人员得到故障点大概距离后，采用声磁同步法开始精确测定故障位置，首先到距离测试端最近的接头处定位故障点，很快在测距位置找到故障点，故障点与测距位置基本一致，如图 8-12 所示。

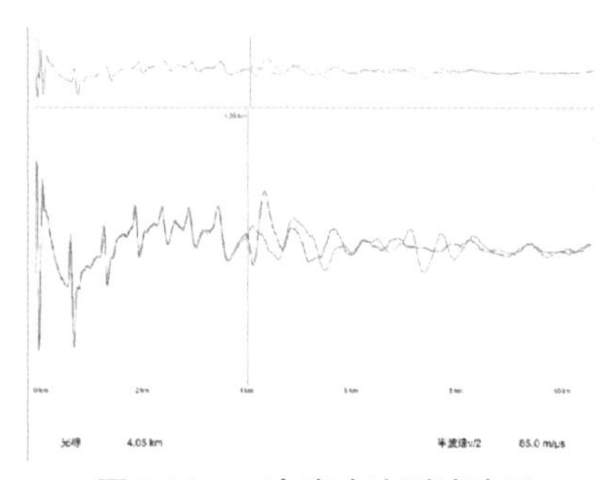

图 8-11　二次脉冲法测试波形

图 8-12　故障点位置图

4. 故障原因分析

1)封铅工艺控制不到位,损伤主绝缘

经解剖,发现封铅位置处,电缆主绝缘有波纹状烫伤痕迹,距故障点越近,烫伤痕迹越深,该伤痕只在封铅位置附近出现,如图 8-13 和图 8-14 所示。分析为封铅工艺控制不到位,导致烫伤主绝缘,引起绝缘性能下降,最终引发故障。

2)封铅工艺不良,未完全密封

封铅外表面凹凸不平,有明显缝隙,内部也存在明显贯穿通道,可判断为封铅工艺不良、密封不严,可能使外界水汽进入电缆附件,导致局部场强分布不均,加速故障发生,如图 8-15

和图 8-16 所示。

图 8-13 故障电缆解剖图

图 8-14 主绝缘处波纹状烫伤痕迹

图 8-15 封铅工艺不良

图 8-16 封铅内侧可见明显空隙

综上所述,本次故障原因为附件制作过程中封铅工艺不良。

小贴士

电缆接头处是电缆比较容易发生故障的位置,故障测距时,当波形较为典型时,能够从波形上判断故障点位置是否在接头处,如果是,那在下一步故障精确定位时,首先要到接头附近听一听是否有放电声音,一般来说,低阻故障预定位容易、精确定点难;高阻故障预定位要么很容易,要么很难,精确定点很容易。

8.1.4 10kV冷缩接头安装质量不良故障案例

1. 故障线路情况

测试一线双回接线,单回长度2.1km,电缆型号为YJY22-3×240mm²,冷缩中间接头6组,敷设方式为直埋、排管。调度报B相零序动作。

2. 故障测试仪器

本次故障位置初测使用的是某车载式高压电缆故障定位系统,定点选用的是某智能精确定点仪。

3. 现场故障测寻

1)故障性质诊断

试验人员对三相电缆分别进行绝缘电阻测试,A相∞,B相0,C相∞;万用表测B相电

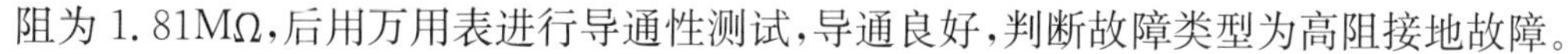

阻为1.81MΩ,后用万用表进行导通性测试,导通良好,判断故障类型为高阻接地故障。

2)故障测距

采用二次脉冲法对B相故障相进行测试,由于故障点电阻较高,对故障点测试多次,最终波形如图8-17所示。从图中可以较明显看出波形分叉点,即故障距离1233m。

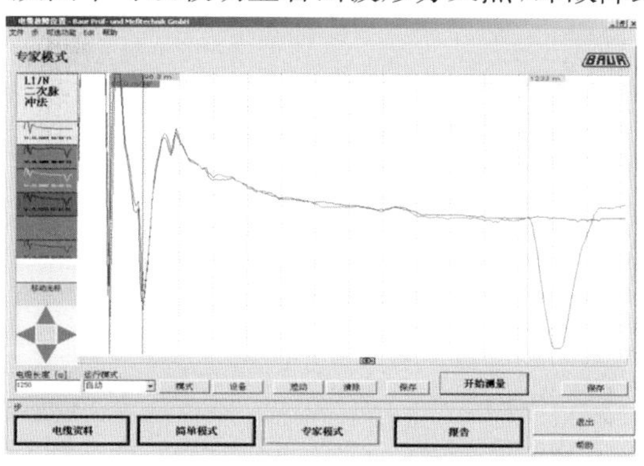

图8-17　二次脉冲法测试波形

3)故障定点

经查阅电缆资料,故障点位于工井内,初步判断为冷缩接头故障,使用声磁同步法对故障点进行定点,确定为接头。

4. 故障原因分析

本次故障原因怀疑是附件安装质量不良,解剖过程中同时发现电缆屏蔽断口处有放电痕迹,屏蔽断口存在刀痕的安装问题,如图 8-18 和图 8-19 所示。本次故障原因亦怀疑进水,绝缘表面有带水树枝,表明接头运行期间可能进水。

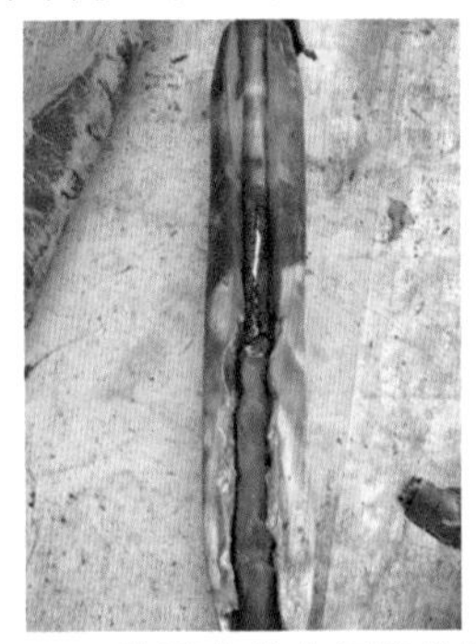

图 8-18　故障电缆中间接头外观

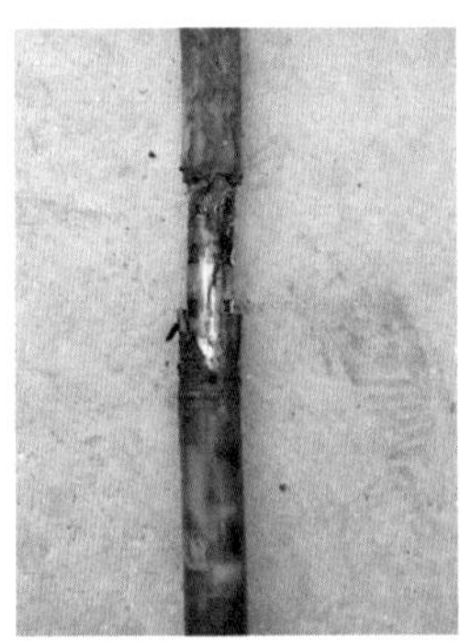

图 8-19　中间接头故障点

小贴士

高阻故障,可采用二次脉冲法或者脉冲电流法,对于故障点不易放电的情况,可适当提高试验电压,多次放电。

本次故障原因初步诊断为电缆冷缩附件安装质量不良，在电缆附件安装过程中，屏蔽断口、带材密封处理非常重要，是整个接头的关键环节，考验电缆附件安装人员的技能水平。因此，要积极采取措施，在附件安装环节预防故障的发生。

(1)严格控制电缆剥切尺寸，每剥除一层不可伤及内层结构。

(2)剥切铜屏蔽层时，应用细扎丝或扎带扎好，使断口处不产生尖角毛刺。

(3)半导体层断面应光滑平整，与绝缘层的过渡应光滑。

(4)电缆绝缘层剥切后，应用细砂纸仔细打磨主绝缘层表面，使其光滑无刀痕，无半导体残点。清洗绝缘层表面必须用清洗溶剂从绝缘向半导体层方向进行，严禁用接触过半导体屏蔽层的清洗纸清洗主绝缘层表面。

(5)打磨和清洗主绝缘时，清洗剂和砂纸不得碰到外半导电层，以免清洗剂溶解半导电层、砂纸打磨遗留杂质清除不干净而导致放电。

(6)附件的尺寸与待安装的电缆尺寸配合要严格符合规定的要求，保持适当的过盈量，特别是应力管与绝缘屏蔽搭接要符合图纸要求。

(7)在制作电缆接头时，要特别注意保持清洁，安装环境的温度、湿度、清洁度也很关键，如果环境不洁净，主绝缘表面与附件结合处不可避免会侵入灰尘、气体等杂质，杂质、气隙、尖角毛刺可能会造成固体绝缘介质沿面放电。

附件安装质量对电缆故障的预防非常重要,要熟练掌握电缆终端头或中间头的制作,除严格执行电缆附件制作工艺标准外,还要增强对交联电缆结构及附件特性的了解,从本质上了解其工艺要求,并加强电缆头制作过程中剥切力度和制作细节的把握。

8.1.5 10kV 电缆终端塔附近故障案例

1. 故障线路情况

测试二电缆线路,全长 1520m,电缆型号 YJY22-3×240mm^2,调度报 C 相故障,线路起点为某变电站,终点为电缆终端塔。

2. 故障测试仪器

本次故障位置初测使用的是某车载式高压电缆故障定位系统,定点选用的是某智能精确定点仪。

3. 故障测距与定位过程

1)故障性质诊断

对电缆三相进行绝缘电阻测试,兆欧表测试 C 相接地故障,A、B 相良好,万用表测试 C 相电阻为 2MΩ,判断为高阻故障。

2)故障测距

采用二次脉冲法对 C 相故障相进行测试,经过多次放电,最终得到理想放电波形,如图

8-20 所示。从图中可以明显看出波形分歧点在 5 个放电脉冲均出现，且故障相波形下降沿位于终端开路反射附近，距离为 1504m，初步判断为终端故障。后经仔细分析，发现全长开路反射和二次脉冲下降沿存在 5m 左右的间隔，如图中所示，绿色为故障波形下降沿标尺，与蓝色波形的开路反射存在间隔，因此判断故障点为终端附近。

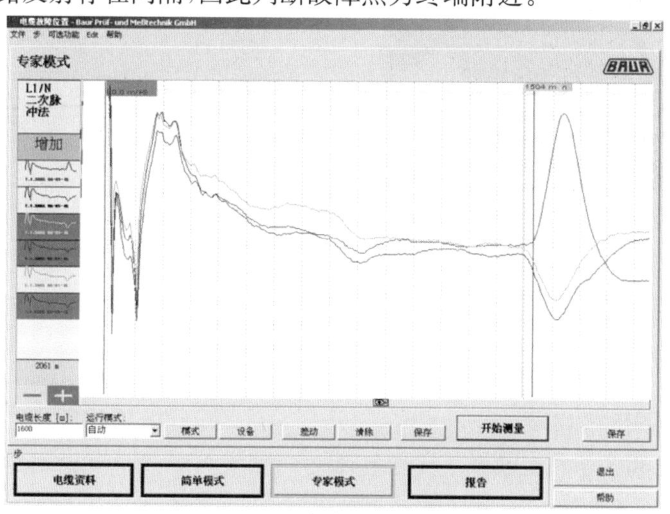

图 8-20　二次脉冲法测试波形

3)故障定点

由于故障距离显示在终端附近,加压时在终端附近可明显听见塔下端放电声音,后挖开塔下电缆通道,确定为电缆终端塔下电缆本体破坏故障,如图 8-21 和图 8-22 所示。

图 8-21　电缆故障点

图 8-22　电缆故障相

4. 故障原因分析

本次故障是终端塔下的外力破坏事故,施工未得到运行人员的许可,盲目打桩定线以至于电缆受到破坏。

小贴士

对于故障距离显示在全长开路反射附近的,可首先怀疑是终端头故障,然而故障测寻需要心细如丝,反复斟酌判断,发现微小差别,依据电缆资料,确定最终位置,避免误判。

8.1.6　10kV 某新投电缆终端故障测试案例

1. 故障线路情况

10kV 某新投线路,电缆型号为 YJY22—8.7/10kV—3×240mm^2,线路全长 655m,中间接头 1 组。在进行交流耐压试验时,B 相试验击穿。

2. 故障测试仪器

本次故障位置初测使用的是某集成故障测试仪,定点选用的是某智能精确定点仪。

3. 现场故障测寻

1)故障性质诊断

试验人员对 B 相进行绝缘电阻测试,绝缘电阻为 12MΩ,用万用表进行导通性测试,排除断线故障,判定故障性质为高阻接地。

2)故障测距

应用二次脉冲法进行测距,波形如图 8-23 所示,在 654.5m 处,既有终端开路反射,也存在明显的接地反射,因此结合故障性质判定故障位置在电缆终端处。

3)故障定点

因判定故障位置在电缆终端,因此,直接到终端进行外观检查,发现电缆终端半导电断口处已经发生明显环状击穿。

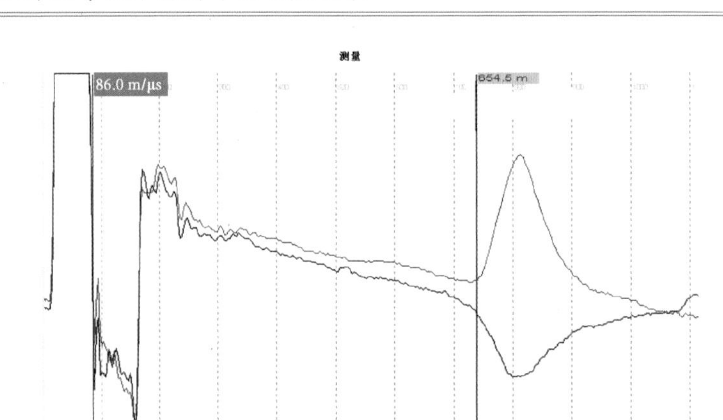

图 8-23　二次脉冲法测试波形

4. 故障原因分析

新投电缆耐压试验未通过,大多是附件质量问题。解剖发现电缆终端在半导电断口处有明显过深的刀痕,说明制作人员在剥切半导电过程未能按要求控制深度,损伤绝缘,进而引发故障。

小贴士

电缆终端也可能存在故障，故障原因多是附件施工质量问题，波形相对较为明显。根据波形判定终端故障时，首先检查原因是否为终端安全距离不够导致对地放电。对于终端接头故障或缺陷原因主要有以下几种。

(1)终端接头在出厂时就存在质量问题，如终端接头内部存在杂质，接头绝缘与电缆本体之间结合不紧密而形成气隙。

(2)在电缆终端附件安装时，未按规定的尺寸、工艺，安装环境潮湿，灰尘过多，在附件安装过程中引入潮气和杂质；未对电缆终端接头预热，导致主绝缘回缩过度等。

(3)运行环境潮湿多水，存在化学腐蚀物质等，加速了电缆终端接头部件的老化。

8.1.7 10kV电缆外力破坏故障测试案例

1. 故障线路情况

10kV厂马线投运于2006年6月，电缆型号为YJY22－8.7/10kV－3×240mm^2，电缆长度1.7km，电缆敷设方式为直埋。

2. 故障测试仪器

本次故障位置初测使用的是某集成故障测试仪，定点选用的是某智能精确定点仪。

3. 故障测距与定位过程

1)故障性质诊断

用兆欧表对故障电缆进行绝缘电阻测试,其中A相∞,B相2MΩ,C相∞,判定故障性质为高阻接地。现场故障巡视时发现沿线多处存在动土迹象,怀疑线路存在外破可能。

2)故障测距

用二次脉冲法进行故障测距,波形如图8-24所示,加压燃弧前低压脉冲在1700m处出现明显开路反射,判定为电缆终端反射。加压后,电缆在故障位置发生弧光放电,出现瞬时接地情况,波形在493.7m处明显接地反射,判定493.7m为故障点距离。

3)故障定点

用声磁同步法定位。在可疑距离位置未听到明显放电声,用定点仪在可疑位置先找到稳定数字信号,逐步缩小范围,找到声信号最大、数字最小位置,确定故障位置。经开挖检查,确定故障位置无误。

4. 故障原因分析

此次故障为外破故障,外破故障是电缆常见故障,多数是由于盲目施工导致,挖掘作业、非开挖施工是外破的主要来源。

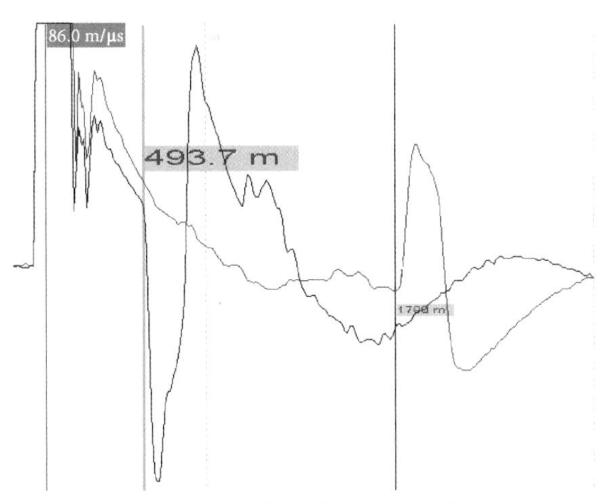

图 8-24　二次脉冲法测试波形

小贴士

多数外破类故障，故障测距波形均存在较为明显的接地反射波形，故障定点时多注意现场施工动土痕迹。

为做好防外破工作,需要落实好现场人防和技防各种措施。运行人员首先要保证巡视到位,现场警示标志齐全。同时,要积极与施工方对接,指明电缆位置、埋设深度等基本信息,并督促施工方在作业前开挖断面明确找到电缆后再施工作业。其次,要做好防外破宣传,保护电力设施,人人有责。当前,也有部分地区积极开展违章施工摄录,光纤震动报警等技防手段。

8.1.8 10kV 电缆中间接头故障案例

1. 故障线路情况

10kV 城庄线投运于 2010 年 12 月,电缆型号为 YJY22－8.7/10kV－3×240mm²,电缆长度 3.36 公里,电缆敷设方式为直埋。

2. 故障测试仪器

本次故障位置初测使用的是某集成故障测试仪,定点选用的是某智能精确定点仪。

3. 现场故障测寻

1)故障性质诊断

用兆欧表进行绝缘电阻测试:A 相∞,B 相∞,C 相 7MΩ,判断故障性质为高阻接地,故障相为 C 相。

2)故障测距

采用二次脉冲法进行故障测距,如图8-25所示,加压燃弧前波形在3360m处出现明显开路反射,判定为电缆终端反射。加压后波形在2185m处存在明显接地反射,判定为故障点距离。

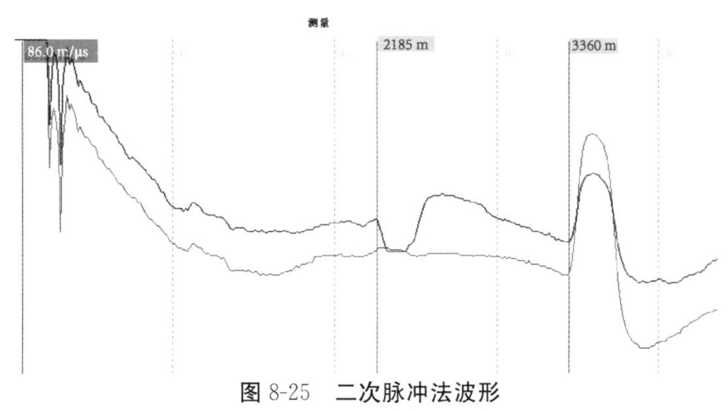

图8-25　二次脉冲法波形

3)故障定点

经查阅图纸,计算距离后,确定故障点在4号接头处。用声磁同步法定位,在可疑距离位置未听到明显放电声,用定点仪在可疑位置先找到磁信号,然后找到稳定声信号,当声信号稳定且与磁信号同步显示,判定故障位置就在附近。随后,逐步缩小范围,找到声信号最大即数字最小位置,确定故障位置。经开挖后,确定故障位置无误。

4. 故障原因分析

此次故障位置为电缆中间接头处,具体放电位置是接管部位。分析其原因,接管处存在接管压接不到位,导致接触电阻过大,随运行年限的增加,压接部位发热导致绝缘老化,最终导致放电击穿。

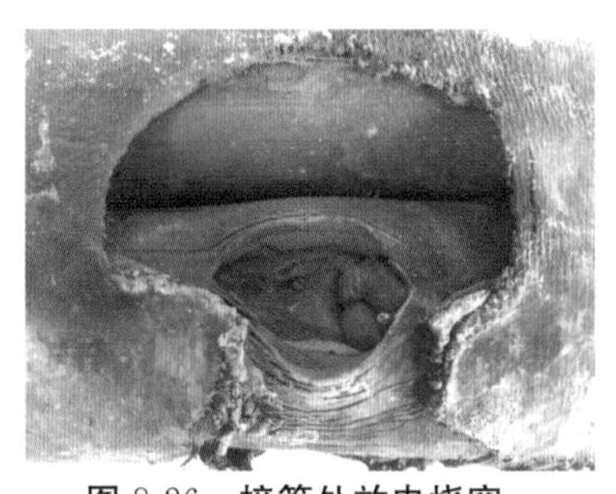

图 8-26　接管处放电烧穿

小贴士

高阻接地故障,当电缆故障位置放电不充分时,定点较为困难。分析其原因,主要是燃弧时间短或未构成有效燃弧,则无法形成瞬时的接地通道,在脉冲波传播过程中,未能找到阻抗不匹配点,则在波形图上没有对应反射波形。针对此类情况,可通过加压降阻法,对故障位置进行高压冲击,待电阻降低后,达到可测效果。

8.1.9　10kV 热缩中间接头安装工艺不良故障案例

1. 故障线路情况

10kV 远光线路全长 5.93km,纯电缆线路,敷设方式为排管敷设。电缆为交联聚乙烯绝缘电缆，型号为 YJV22-8.7/10-3×240mm²，中间接头均为热缩附件。接调度通知，线路掉闸后（保护动作为零序 I 段），运行人员立即开始查线，未发现外力破坏迹象，站内设备无异常。

2. 故障测试仪器

本次故障位置初测使用的是某车载式高压电缆故障定位系统，定点选用的是某智能精确定点仪。

3. 现场故障测寻

1）故障性质诊断

试验人员对故障电缆三相分别进行绝缘电阻测试，发现 II 号电缆 C 相绝缘电阻不合格，绝缘电阻为 2MΩ，判定故障为高阻接地故障。

2）故障测距

采用低压脉冲法校验全长后，选择故障初测模式中的二次脉冲法进行初测，测试未出现典型波形，随即改用脉冲电流法进行测试，测试波形如图 8-27 所示，波形较为典型，两波峰间距为 520m，减去测试线长 90m 后，推断距离测试点 430m 左右位置为故障点。

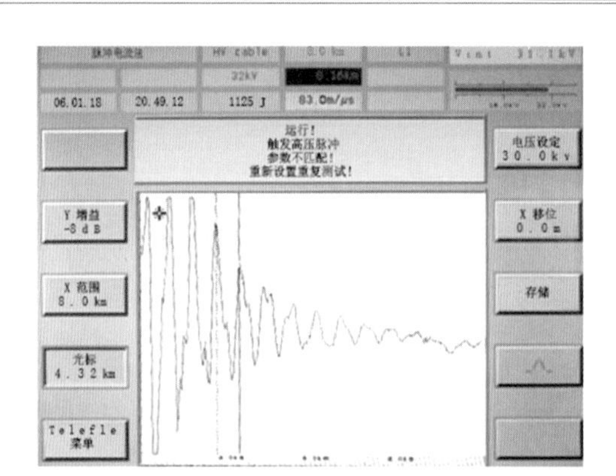

图 8-27 脉冲电流法测试波形

3)故障定点

经查阅图纸,计算出大概位置后,采用声磁同步法精确测定故障位置,因为测距位置附近有电缆中间接头,首先怀疑是接头故障,抢修人员直奔接头位置,在接头工井上方听到较大的放电声,确定为故障位置,经检查故障点为中间接头,如图 8-28 所示。

图 8-28　故障中间接头

4. 故障原因分析

为了对故障原因进行分析，将故障点中间接头进行解剖。通过对接头外观进行检查，发现接头中部有一 8cm×9cm 椭圆形击穿点，通过击穿点可看到电缆线芯及黄色填充胶，如图 8-29 所示。

图 8-29　击穿点可见线芯

将红/黑色带屏蔽绝缘管（黑红管）打开，发现红色绝缘管损伤严重，表面有放电痕迹,黑红管内部烧灼出黑色污物,击穿点位于接管端部。应力控制管与外半导电搭接处可见一 1.5cm×3cm 的孔洞,初步判断可能是电缆击穿时电弧烧灼造成的,如图 8-30 所示。

图 8-30　应力控制管表面有放电痕迹

通过对故障相进行解剖,发现接头尺寸正常,绝缘表面硅脂均匀,黄色填充胶在缠绕接管与电缆绝缘断口时未填实,出现气隙,解剖时很容易将黄胶去除,且解剖过程中发现绝缘断口处理较为粗糙,断面歪斜不齐整,如图 8-31 所示。将黄色填充密封胶剔除后,可见线芯和接管端口有一明显击穿孔洞,如图 8-32 所示。

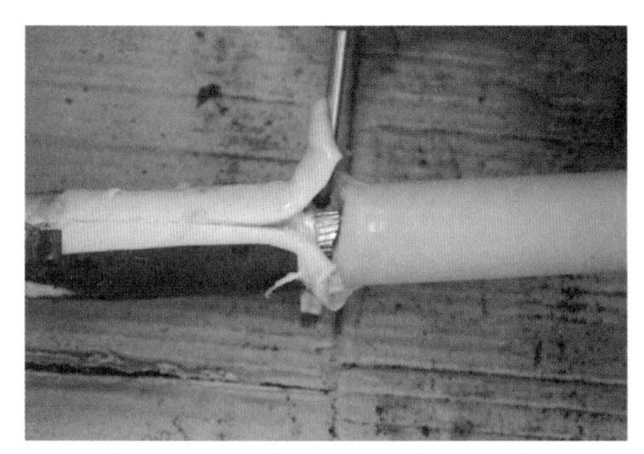

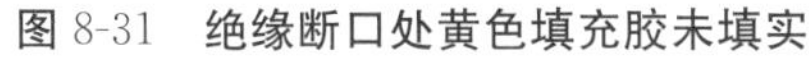
图 8-31　绝缘断口处黄色填充胶未填实

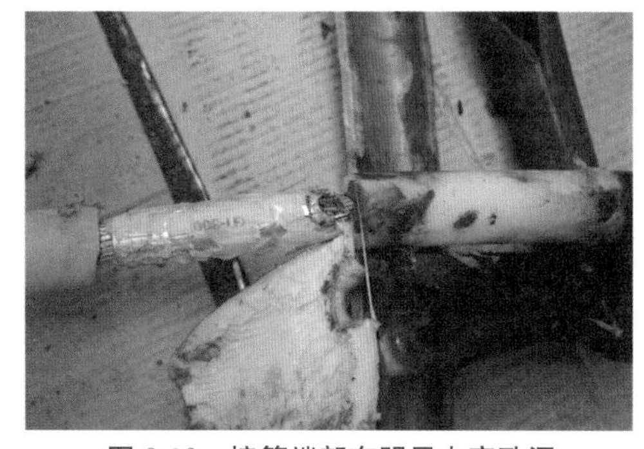
图 8-32　接管端部有明显击穿孔洞

通过以上现象判断此次故障原因为接头制作过程中,黄色填充密封胶在缠绕接管与电缆绝缘断口时未填实,黄色填充密封胶拉伸不到位,出现气隙,导致此处绝缘强度下降,电场场强不均匀,最终形成贯穿的放电通道引发击穿。

此次故障暴露了在接头安装过程中工艺把控不严、安装人员责任心缺失的问题。

小贴士

根据经验,在高阻故障测距时,虽然二次脉冲法测得的波形往往容易辨识故障点位置,定位距离较为准确,误差很小,但是在实际工作中,测得典型的二次脉冲波形往往不太容易。这时就需要改变测试方式,用脉冲电流来测距,脉冲电流得到典型波形的概率要大于二次脉冲,用脉冲电流法测试时,注意要减去测试线的长度(具体参见故障测试设备说明书)。

8.1.10 35kV外力导致的低阻单相接地故障案例

1.故障线路情况

35kV雅拖二线投运于2000年10月,双缆,线路长度2.100km,有冷缩中间接头5组,电缆敷设方式为排管+直埋,过路为拉管,故障位置为排管处外破,如图8-33所示。

由于施工位于围墙内侧,在故障巡视时,未发现施工痕迹。

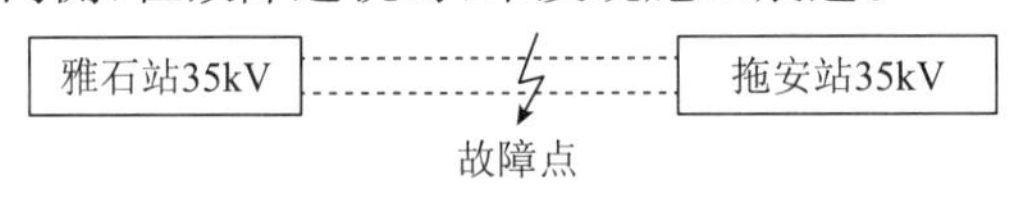

图8-33 故障线路方式图

2.故障测试仪器

本次故障位置初测使用的是某车载式高压电缆故障定位系统,定点选用的是某智能精确定点仪。

3. 现场故障测寻

1)故障性质诊断

检修人员开展摇缆工作,兆欧表测绝缘电阻,其中 A 相∞,B 相 0,C 相∞;用万用表进行导通性测试,对端三相短接且不接地,测量测试端 A 与 B、B 与 C、A 与 C 之间的电阻均为 0,排除断线故障;用万用表测 B 相电阻为 58Ω,确定故障为低阻接地故障。

2)故障测距

将故障车开到测试端,根据故障诊断结果,采用低压脉冲法进行故障测距,波形如图8-34所示,波形在 402.6m 处出现了明显的接地反射波形,据此确定故障点距离测试端 402.6m。

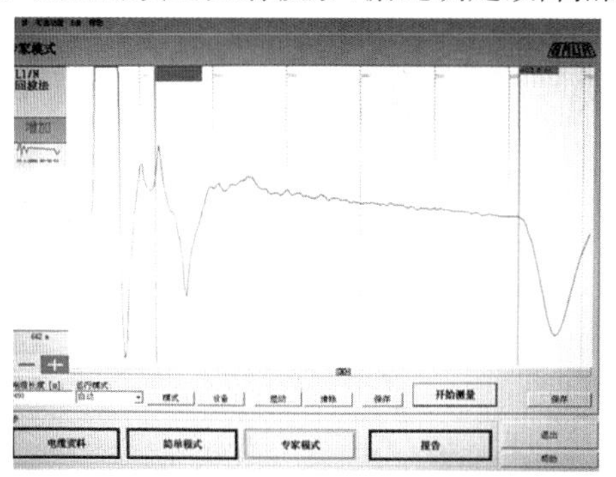

图 8-34　低压脉冲法波形

3)故障定点

经查阅图纸,计算距离后,确定大概位置。用声磁同步法定位,在可疑距离位置未听到明显放电声,用定点仪在可疑位置先找到稳定数字信号,再逐步缩小范围,找到声信号最大、数字最小位置,确定故障位置。

4. 故障原因分析

本次故障是由于施工外力破坏导致的,故障点的照片如图 8-35 所示。

小贴士

电缆低阻故障往往很容易测得典型的故障波形,故障测距较为简单。但是低阻故障往往放电声很小,很难听到明显的放电声音。此时要结合磁信号的变化以及声磁信号的时间差,去确定最终故障点。

对于外力破坏的防控,建议运行人员要按照巡视周期开展电缆及通道巡视,同时做好固定施工点位的盯守和管理,做好技防措施与专人盯守。

图 8-35　电缆故障现场故障点

8.1.11　低压脉冲比较法测试 10kV 冷缩中间接头故障案例

1. 故障线路情况

测试三线双回接线，单回长度 2.768km，电缆型号为 YJY22-3×240mm²，热缩、冷缩中间接头数目 6 组，敷设方式为直埋。

2. 故障测试仪器

本次故障位置初测使用的是某集成故障测试仪，定点选用的是某智能精确定点仪。

3. 现场故障测寻

1）故障性质诊断

调度报 A 相故障；采用兆欧表测试三相电阻，A 相 0，B 相∞，C 相∞；用万用表测 A 相电阻 68Ω，后用万用表进行导通性测试，导通良好，判断故障为低阻接地故障。

2）故障测距

采用低压脉冲法进行测距，对 A 相故障相测试，对 B 相良好相测试，故障波形如

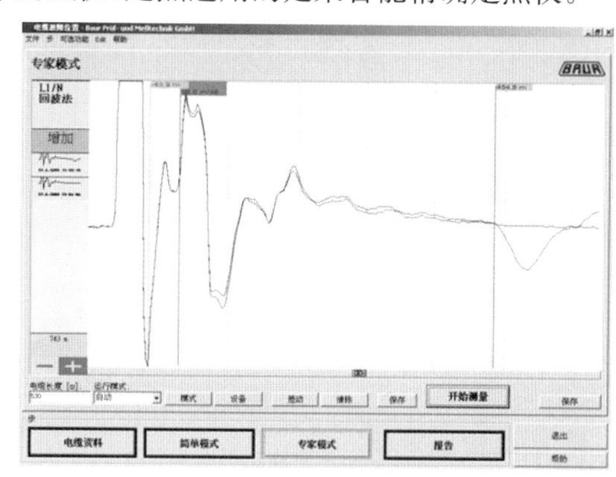

图 8-36　波形图

图 8-36 所示。蓝色为 A 相故障相波形,与良好相比较,可明显确定故障距离为 454.6m。

3)故障定点

经查阅电缆资料,使用声磁同步法,根据声音大小和强弱,对故障点进行定点,故障为中间接头,如图 8-37 所示。

图 8-37　**故障电缆图**

4. 故障原因分析

查找到故障点为位于公路上工井内接头,工井内无水,接头外有防水壳,从外观看无损坏痕迹。经解剖分析，发现故障点位于 A 相接管处，且径向击穿，接管处缠绕的半导电带不满足安装工艺要求，其他部位未发现问题，电缆剥切、附件安装尺寸准确。

小贴士

(1)故障定点时，可首先考虑对中间接头位置听测，提高工作效率。

(2)经查阅图纸，计算距离后，确定大概位置。用声磁同步法定位，在可疑距离位置未听到明显放电声，用定点仪在可疑位置先找到稳定数字信号，再逐步缩小范围，找到声信号最大、数字最小位置，确定故障位置。

(3)电缆低阻故障往往很容易测得典型的故障波形，故障测距较为简单。但是低阻故障往往放电声很小，很难听到明显的放电声音。此时要结合磁信号的变化以及声磁信号的时间差，去确定最终故障点。

8.2 短路故障

8.2.1 10kV 电缆中间接头三相击穿接地故障案例

1. 故障线路情况

10kV 研旭线为架空混合线路。电缆段为 12 号塔至 13 号塔，双缆，单缆长度为

2.362km,电缆型号为 YJV22 — 8.7/10kV — 3×240mm,电缆有 5×2 组中间接头,如图8-38所示。

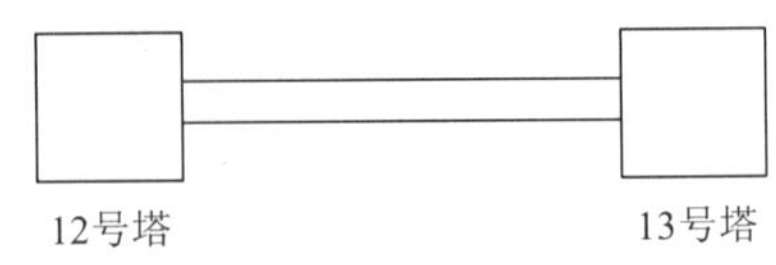

图 8-38 故障线路示意图

接调度通知线路掉闸后,运行人员立即开始查线,未发现外力破坏迹象,电缆终端无异常。

2. 故障测试仪器

本次故障位置初测使用的是某车载式高压电缆故障定位系统,定点选用的是某智能精确定点仪。

3. 现场故障测寻

1)故障性质诊断

试验人员对故障电缆三相分别进行绝缘电阻测试,发现电缆三相绝缘电阻均不合格,绝缘电阻均为 200Ω 左右,用万用表进行导通性测试,将对端三相短接,用万用表测量测试端 A 和 B、B 和 C、A 和 C 之间的电阻均为 0,排除断线可能,判定故障为低阻三相短路故障。

2)故障测距

选择故障初测模式中的低压脉冲法进行初测,得到典型波形(如图 8-39 所示),且三相波形几乎一致,距离测试端 2.162km。按照故障定位距离查图纸得知,此处有一中间接头。

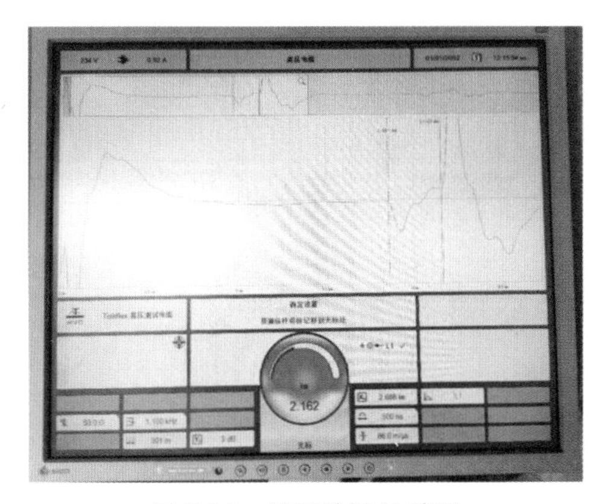

图8-39 低压脉冲法波形

3)故障定点

测试人员得到故障点大概距离后,直奔接头处,采用声磁同步法开始精确测定故障位置,很快在测距位置找到了故障点,故障点与测距位置基本一致。

4. 故障原因分析

工井抽水后,将故障接头取出,外观可见外护套已破裂,如图8-40所示。

图 8-40　故障电缆接头破裂

故障点位于接头红黑管端部,三相均发生击穿,且均朝向内侧,其中一相击穿点较大,且位于黑红管边缘下方,经核实为C相,如图8-41所示。

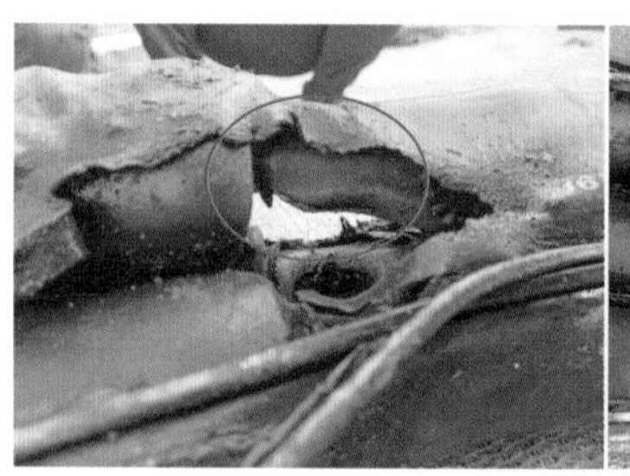

图 8-41　电缆三相在同一位置击穿

检查红黑管端部非故障侧，发现端部电缆外屏蔽有损伤爬痕，如图 8-42 所示。

图 8-42　红黑管端部绝缘屏蔽有损伤痕迹

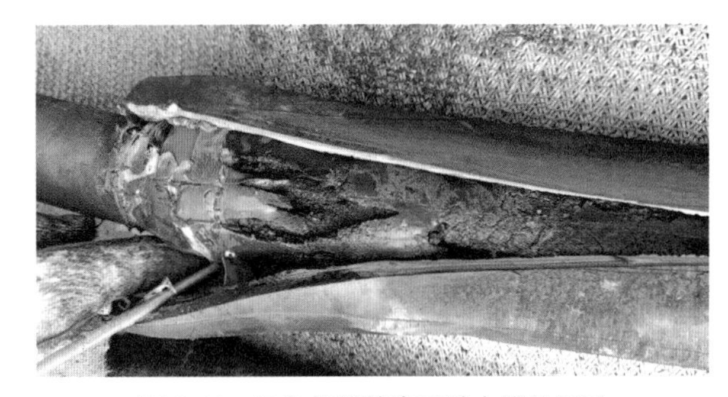

图 8-43　红色绝缘管表面放电烧蚀严重

从非故障侧将接头切开，发现内部红色绝缘管存在明显爬电痕迹。将黑红管完全取下，发现红色绝缘管存在较明显的电蚀痕迹(如图 8-43 所示)，严重处已可见电缆主绝缘及黄色应力胶(如图 8-44 所示)。

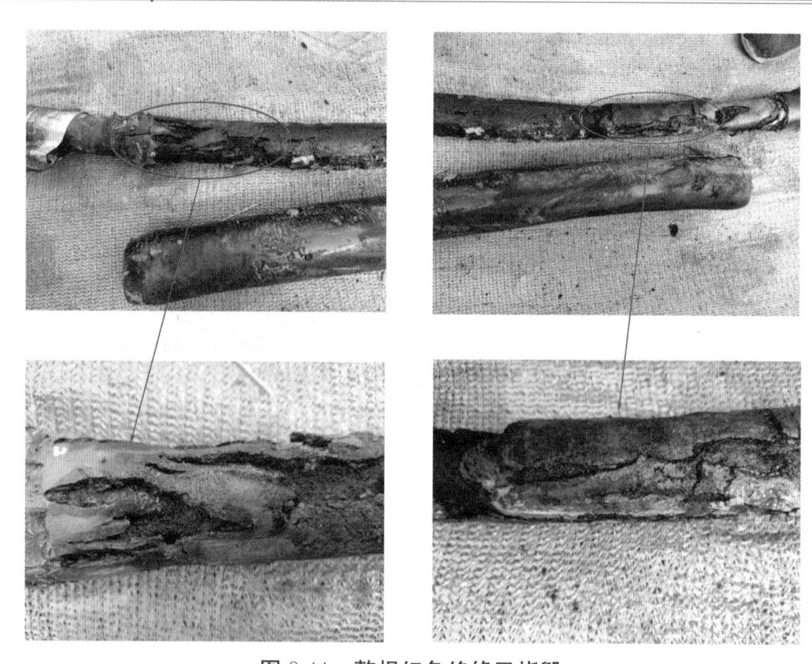

图 8-44　整根红色绝缘已烧毁

对故障相非击穿侧接头端部进行擦拭检查，发现电缆外屏蔽存在多处损伤，如图 8-45 所示。

图 8-45　非击穿侧接头端部电缆外屏蔽存在明显损伤

结合安装接头时多层管材的装配过程,判断接头端部外屏蔽在多次管材热缩时局部温度过高,一是导致半导电屏蔽层起鼓、开裂,局部场强过高引起放电,二是烫伤主绝缘,直接降低 XLPE 的电场耐受特性;同时由于该接头运行于浸水环境下,随着外屏蔽层的破坏发展将形成局部进水通道,导致接头内部水分聚积形成电蚀痕迹。在电缆运行期间,接头端部过热处的绝缘首先承受不住运行电压发生击穿,击穿瞬间爆发的能量喷伤相邻两相电缆,由于在单相接地时非故障相电压将抬升至线电压,导致另两相在相同位置相继发生击穿。

小贴士

如果故障相绝缘阻值很低,那么采用低压脉冲法是故障测距的首选,因为低压脉冲法定位精度高,误差小,很容易判断出故障点距离。

8.3 断线故障

8.3.1 10kV 电缆高阻断线外力破坏故障案例

1. 故障线路情况

测试四线,双回接线,单回长度 3.281km,热缩、冷缩中间接头数目 9 组,敷设方式为排管、直埋。

2. 故障测试仪器

本次故障位置初测使用的是某集成故障测试仪，定点选用的是某智能精确定点仪。

3. 故障测距与定位过程

1）故障性质诊断

调度报 A 相故障；采用兆欧表测试三相电阻，A 相 0，B 相∞，C 相∞；用万用表测 A 相电阻 12MΩ，后用万用表进行导通性测试，AB 断、AC 断、BC 通，判断为 A 相断路，结合 A 相故障电阻 12MΩ，综合确定故障为 A 相高阻断线故障。

2）故障测距

由于判定故障类型为断线故障，因此采用低压脉冲法进行测距，对 A 相故障相测试（图 8-49 中黑色波形），初步判断故障点为终端位置，但终端前电缆有接地反射信号，为此采用比较法对故障点进行验证；对 B 相良好相测试（图 8-46 中蓝色波形），通过对比可发现疑似接地反射信号并不为故障点，故障点确定为两个波形的明显分界处，从而确定故障点距离，断线故障为 2698m。

3）故障定点

经查阅电缆资料，使用声磁同步法对故障点进行定点，听到明显放电声音，故障点位于直埋绿化带内。

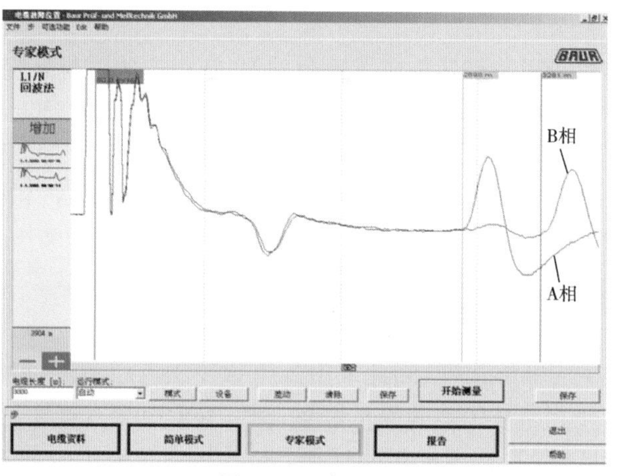

图 8-46　波形图

小贴士

电缆运行故障一般不会出现单一的断线故障,断线故障是由接地故障点处热容量不够所导致的线芯熔断现象。对于低压脉冲法故障相波形不好判断时,可以采用与良好相波形比较的方法,对比可看出故障距离。断线故障一般是由外力破坏导致,在电缆受到破坏后绝缘性能随之降低,用兆欧表可以判断低阻或者高阻。纯断线的绝缘电阻无穷大的情况极为少见。

8.4　闪络故障

8.4.1　35kV 冷缩中间接头闪络故障

1. 故障线路情况

35kV 奥通一线投运于 2010 年 10 月,双缆,线路长度 1.137km,热缩中间接头 3 组,电缆敷设方式为排管+拉管,过路为拉管,故障位置为工井内接头,如图 8-47 所示。

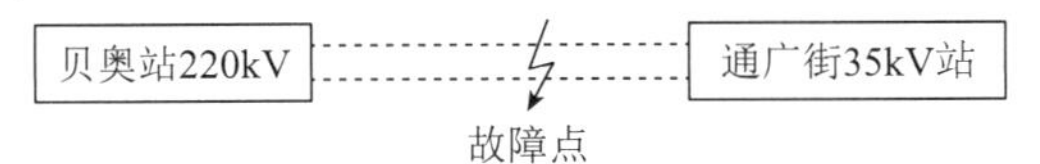

图 8-47　故障线路方式图

2. 故障测试仪器

本次故障位置初测使用的是某车载式高压电缆故障定位系统,定点选用的是某智能精确定点仪。

3. 现场故障测寻

1)故障性质诊断

奥通一线在进行 OWTS 试验过程中,B 相试验击穿,A、C 相试验通过。采用兆欧表测绝缘电阻,其中 A 相∞,B 相∞,C 相∞;用故障车对三相电缆施加直流高压,初始均未击穿,然后用故障车对 B 相进行烧弧;摇表摇测 B 相绝缘到零,万用表测 B 相电阻为 10MΩ,通过导通测试,未发现断线。由此确定故障为闪络故障。

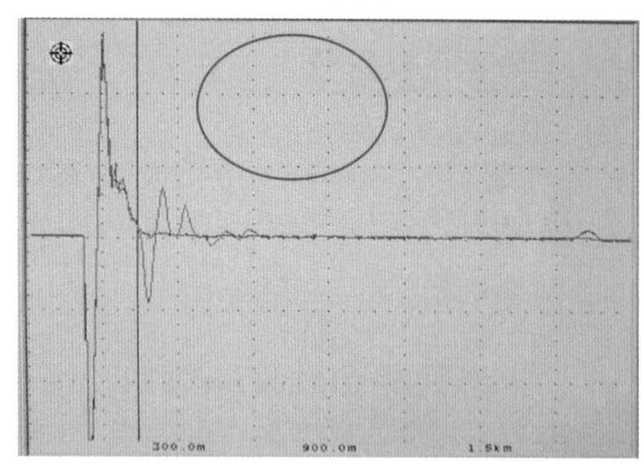

图 8-48　二次脉冲法测试波形

2)故障测距

选择二次脉冲法进行测距，测距波形如图 8-48 所示，波形在 150m 处出现了明显的分歧点，因此初测位置距离测试端 150m。

3)故障定点

经查阅图纸，计算距离后，确定大概位置。用声磁同步法定位，在可疑距离位置一处接头工井，在可疑距离位置未听到明显放电声，用定点仪在可疑位置先找到稳定数字信号，再逐步缩小范围，找到声信号最大、数字最小位置，确定故障位置。

4. 故障原因分析

从外观可以看出靠近 B 相电缆接头主体位置的防水盒有明显裂痕。分析认为是冷缩接头进水，导致水树枝不断增长，长期运行下水树枝转化为电树枝，逐步导致绝缘击穿。

小贴士

电缆闪络性故障多出现在试验击穿中。停止试验后，有时会发现绝缘恢复的现象，此时可通过烧弧降阻将故障点彻底击穿的方法，进行故障测寻。待有了稳定的放电通道后，可按照高阻故障的测寻方法进行故障测寻。

8.4.2 35kV 电缆耐压试验击穿闪络故障案例

1. 故障线路情况

35kV 测试电缆线路，全长 2367m，投运时间 2015 年 4 月，冷缩中间接头 7 组，电缆型号为 YJY22-26/35kV-3×300mm^2，起点为 220kV 某变电站，终点为 1 号塔，该路径地下水位较高，全程敷设方式为直埋。

2. 故障测试仪器

本次故障位置初测使用的是某集成故障测试仪，定点选用的是某智能精确定点仪。

3. 现场故障测寻

1)故障性质诊断

2017 年 12 月，电缆切改试验时，试验电压为 1.6U，A 相不到 5min 发生击穿，后使用交流变频谐振降阻 1.5h，交流变频谐振降阻几次后，击穿电压逐渐降低，直至无法找到谐振点，无法加压，降阻成功。后使用万用表测量，A 相绝缘电阻为 8kΩ。

2)故障测距

起初故障测距不出波形，对故障电缆进行耐压，降阻后阻值为 8kΩ，使用二次脉冲法得到特征波形，如图 8-53 所示。图中 2367m 处为终端开路反射波形，中间 978m 处为接地反射波形，如图 8-49 判定 978m 处为故障点。

3)故障定点

计算距离后,确定大概位置。用声磁同步法定位,在距离位置听到明显放电声,逐步缩小范围,找到声信号最大、数字最小位置,确定故障位置。

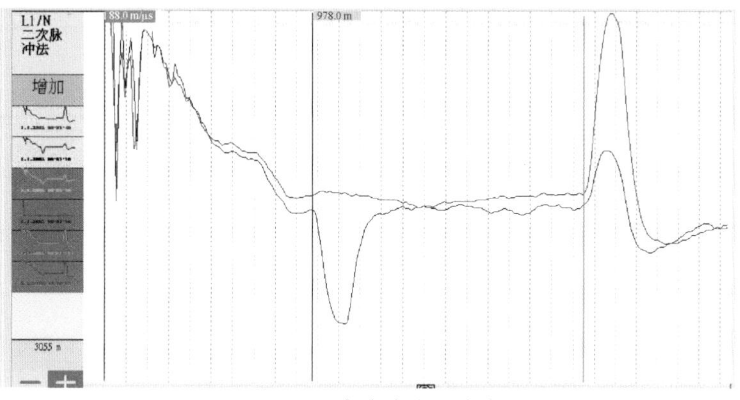

图 8-49　二次脉冲法测试波形

4. 故障原因分析

中间接头试验击穿。

小贴士

对于试验过程中产生的闪络性故障,要首先考虑烧穿降阻,增加变频谐振降阻次数,直到击穿电压逐渐降低,无法找到谐振点为止。此类故障一般出现于冷缩接头位置。

刚试验击穿的冷缩接头故障,故障电缆阻值一般比较高,由于刚试验完,降阻无法取得较好效果,当放置一定时间后,故障点进潮气,再进行烧穿降阻效果较好。

第⑨章　特殊故障案例

9.1　220kV 电缆缓冲层烧蚀故障案例

9.1.1　故障线路情况

220kV 某线投运于 2011 年 10 月，型号为 YJLW03－127/220kV－1×1200mm²，电缆长度为 6.77km，纯电缆线路，11 个接地箱，敷设方式为排管、沟槽。某日，调度通知 B 相故障，保护测距为 6.0km。

9.1.2　故障测试仪器

本次故障位置初测使用的是某集成故障测试仪，定点选用的是某智能精确定点仪。

9.1.3 现场故障测寻

1. 故障性质诊断

试验人员对三相电缆分别进行绝缘电阻测量,A 相无穷,B 相 0,C 相无穷,万用表测 B 相电缆电阻,1.5kΩ,后用万用表做导通试验,导通良好,判断故障类型为高阻接地故障。

2. 故障测距

采用低压脉冲法对线路全长进行测量,如图 9-1 所示,可明显看出该电流线路共 11 个接头,全长 6.77km。首先采用二次脉冲法进行故障测距,故障相始终不出波形,初步怀疑故障点进水。其次采用脉冲电流法对故障相进行测距,如图 9-2 所示,故障点击穿,测距显示为 910 米,从波形图后半段可看出故障点短时击穿后又恢复正常,脉冲电流开始全长反射。为提高定位准确性,再次采用二次脉冲法进行故障测距,多个波形中仅有一个测试波形可用,如图 9-3 所示,故障距离为 850 米,显示故障点在第一个接头和第二个接头之间。

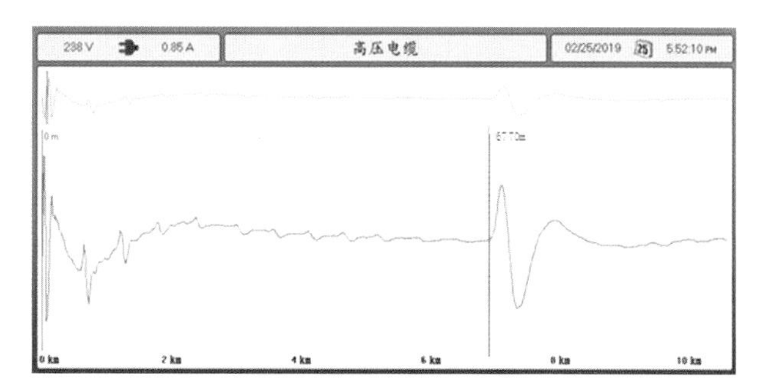

图 9-1　低压脉冲法波形图

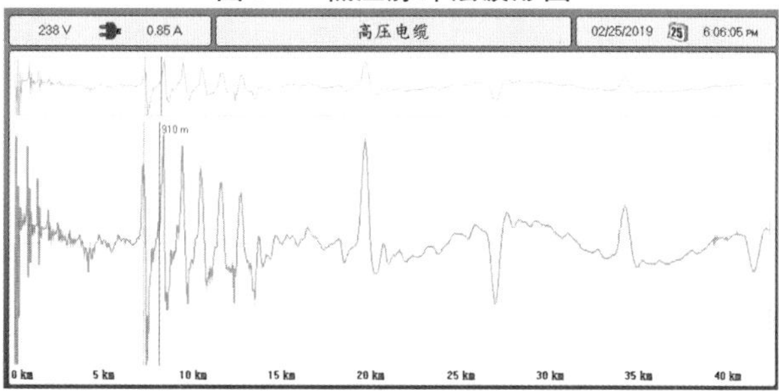

图 9-2　脉冲电流法波形图

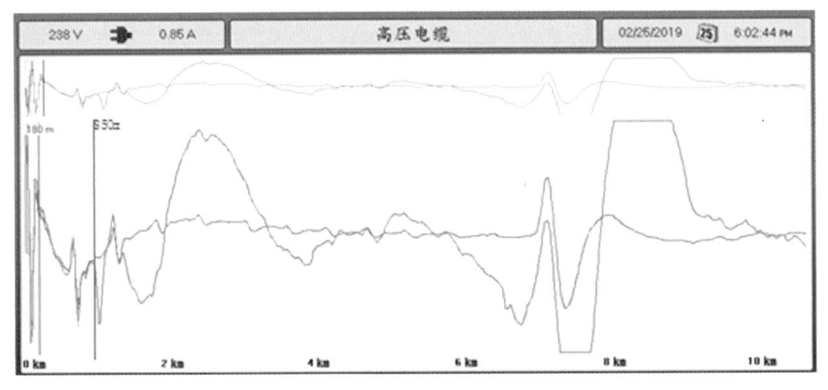

图 9-3　二次脉冲法波形图

3. 故障定点

区别于电缆接头故障,电缆本体故障定点比较耗费时间,本次定点采用逐步缩小范围的方式,即将 910m 和 850m 作为两端,逐步缩短范围,该段路径位于马路中间,且敷设方式为排管,经过逐步排查最终定位位置为 880m 附近,位于两个工井之间。

9.1.4 故障原因分析

本次故障主要由缓冲层烧蚀放电引起，电缆阻水缓冲带受潮后逐步析出白色粉末，随着白色粉末量增多，阻水带与铝护套之间的接触电阻逐渐增大，导电性能下降，从而使得阻水带与铝护套间的电位急剧上升，当电位差大于某个值时极易出现空气间隙击穿，导致放电，反复的放电会引起铝护套内表面和缓冲层被缓慢烧蚀。在长时间作用下缓冲层被烧穿，进而向绝缘屏蔽层方向发展，引起绝缘屏蔽层烧蚀，出现烧蚀孔洞，甚至穿透绝缘屏蔽层，最终导致电缆绝缘层击穿，如图 9-4 和图 9-5 所示。

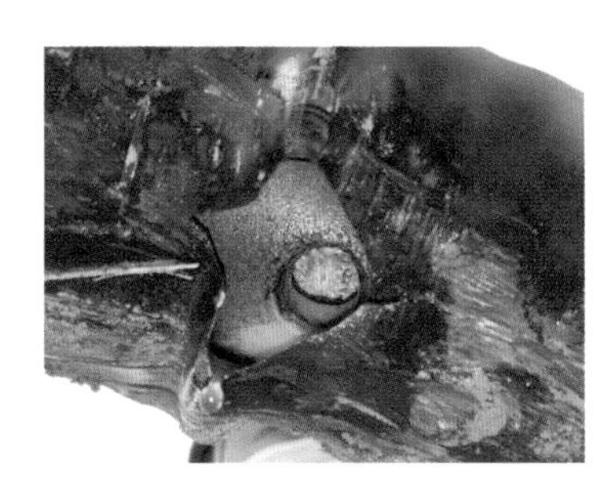

图 9-4　故障位置击穿图

图 9-5　故障位置击穿图

小贴士

(1)对于高压电缆一定要首先对线路全长进行测量,最好能检测出每个接头的位置,方便后期精准定位,缩短声磁同步定点的时间。

(2)一般故障点进水二次脉冲不容易出波形,应改用脉冲电流法进行测距,脉冲电流法由于测试人员经验不足,测得的距离往往偏大,应以脉冲电流测量的距离作为最远距离进行精准定点。

(3)脉冲电流显示正向脉冲表明故障点被击穿,若脉冲电流显示反向脉冲应判断是否为全长反射。脉冲电流测距完成后,建议再采用二次脉冲进行一次校验,锁定测距范围,缩短定点时间。

9.2 10kV 电缆闪络故障难出放电波形测试案例

9.2.1 故障线路情况

10kV 卡特线投运于 2013 年 4 月,长度 1.993km,双回接线,2×6 组冷缩中间接头,电缆敷设方式为排管+直埋,故障位置为工井内 4 号电缆接头处。

9.2.2　故障测试仪器

本次故障位置初测使用的是某集成故障测试仪，定点选用的是某智能精确定点仪。

9.2.3　现场故障测寻

1. 故障性质诊断

卡特线进行 OWTS 振荡波局放试验过程 B 相击穿，在后续诊断过程进行绝缘电阻测试时，B 相绝缘电阻存在反复（10MΩ—7GΩ—5MΩ），结合试验过程，初步确定故障为闪络故障。

2. 故障测距

测距过程分别应用二次脉冲法和脉冲电流法，故障点放电不充分，未发生弧光接地，电压指针不归零，能量释放不出去，无放电波形，波形分别如图 9-6 和图 9-7 所示。

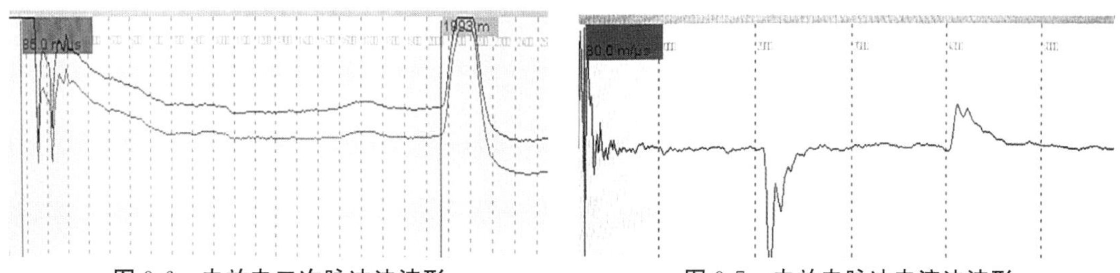

图 9-6　未放电二次脉冲法波形　　图 9-7　未放电脉冲电流法波形

随后，对B相进行耐压降阻，降阻后，绝缘电阻测试结果为3MΩ。用二次脉冲法测试，仍然无明显波形。然后用脉冲电流法进行测试，波形如图9-8所示，波形具有明显的周期衰减性，符合故障点脉冲放电特征，依据经验将第一个光标卡在第二个放电脉冲前沿，第二个光标卡在第三个放电脉冲前沿，经测定两光标间距离为1340m，判定为故障距离。

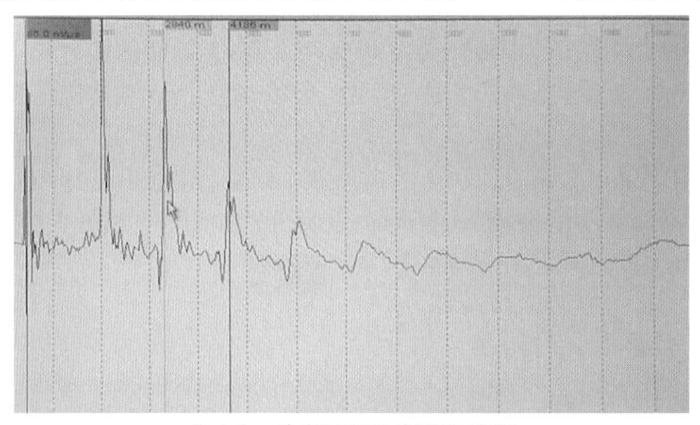

图9-8　放电后脉冲电流法波形

3. 故障定点

根据电缆试验故障多为闪络故障，且故障位置多为接头处的前提条件，查阅图纸，经计算 4 号中间接头在 1340m 处，初步判定此处为故障点。找到 4 号接头所在工井后，听到有明显放电声，确定故障位置。

9.2.4　故障原因分析

本次故障位置为中间接头，附件形式为冷缩，现分析故障原因有以下几点。

(1)施工工艺问题，因施工不良导致电缆各层界面间存在应力集中，引发局部放电。

(2)密封问题，电缆运行环境多水或湿度较大时，密封不良容易造成接头进水或受潮。冷缩材料由于热胀冷缩效应，接头运行负荷大时，热胀产生气隙，接头运行负荷低时，冷缩吸收进水，最终使绝缘老化击穿。

小贴士

因试验击穿的闪络性故障较为复杂，故障测距时较为困难。主要原因是电缆发生闪络性击穿后，绝缘会有间歇性或永久性的恢复过程，电阻数值高。这种情况下无论是用脉冲法还是高压电桥法，测试过程都会遇到电缆不放电或放电不充分的情况，并且特征较为明显。针对这种故障类型，首先需对电缆进行耐压降阻，改变故障性质，将闪络故障转为高阻故障。电阻降低后再选择合适的方法进行测距。

9.3 10kV电缆中间接头故障测试案例

9.3.1 故障线路情况

10kV环北线投运于2003年8月，电缆型号为YJY22－8.7/10kV－3×240mm^2，长度5.463km。电缆敷设方式为排管＋直埋，故障位置为工井内电缆接头处。

9.3.2 故障测试仪器

本次故障位置初测使用的是某集成故障测试仪，定点选用的是某智能精确定点仪。

9.3.3 现场故障测寻

1. 故障性质诊断

试验人员对三相进行绝缘电阻测试，A相7MΩ，B相∞，C相∞，确定故障性质为高阻故障。

2. 故障测距

用二次脉冲法进行测距，如图9-9所示，加压前低压脉冲在5463m处有明显开路反射，判定为电缆终端反射。加压后，波形在 3236m 处存在差异点，但差异点不明显。经提高电压测试后，得出图 9-10 波形，与图 9-9 相似，且差异点变得较为明显，因此判定 3236m 处为故障点距离。

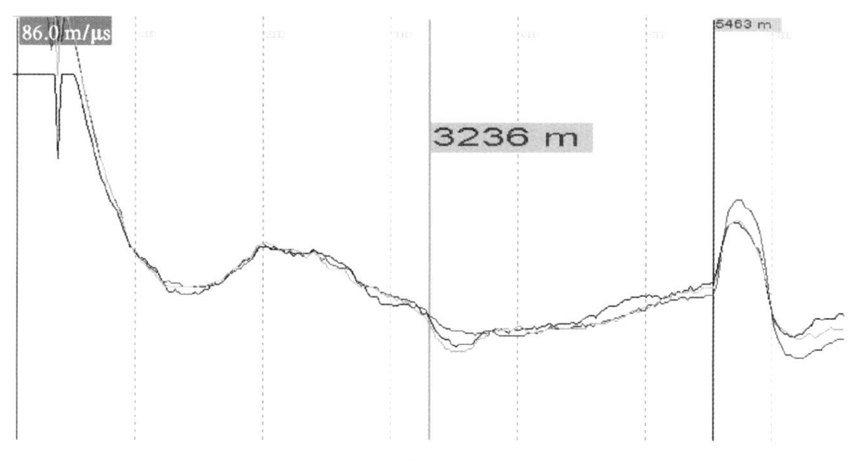

图 9-9　二次脉冲法波形 1

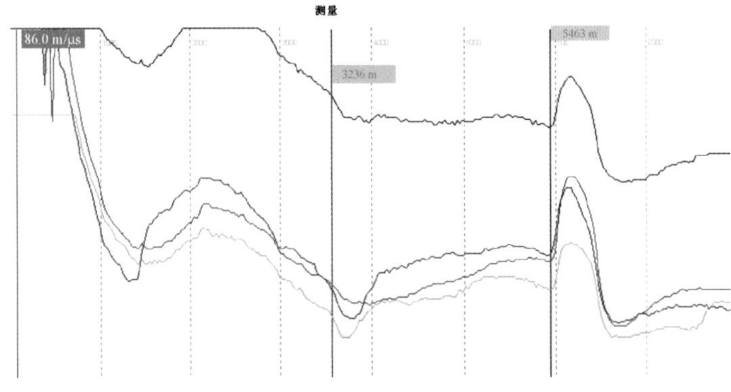

图 9-10　二次脉冲法波形 2

3. 故障定点

经查阅图纸后,确定故障点在 7 号接头处,用声磁同步法进行故障定点,在 7 号接头所在工井处听到明显放电声,确定故障位置。

9.3.4　故障原因分析

此次故障中间接头为某附件厂产品,故障中间接头主绝缘端口绕包的防水带已经烧完,防水盒也已经炸开,分析故障是由内而外引发的绝缘击穿事故。此类故障已多次在某附件中产生，因此，怀疑故障主要原因是附件自身的产品质量问题。

小贴士

故障点阻值高，二次脉冲燃弧过程难以击穿，因此波形不明显，可提高击穿电压，多次复测确认。

除了厂家自身产品质量问题导致的家族性缺陷外，接头制作工艺的好坏也是电缆接头缺陷的主要原因，因此提高电缆接头制作工艺对于降低电缆故障十分重要。在制造电缆接头过程中需要注意以下几个问题。

(1)规范施工工艺。电缆接头要严格针对工艺说明书进行施工，严禁施工人员随意更动工艺图纸内容施工。

(2)控制电缆接头制作环境。电缆接头应有防止积水、防止电缆泡在水中的措施，制作过程中湿度应不超过规定值。

(3)确保密封性能。密封性是接头施工质量的关键，为把好密封关，冷缩接头密封胶带的使用必须到位，在包缠胶带时应拉伸到规定要求，确保胶带包缠后的粘合密封质量。

(4)保证压接质量。采用质量较好的压接工具，线芯压接前应充分地打磨，认真去除粘连在导体上的半导电颗粒。压接后必须除去尖角、毛刺，清除金属粉末。

(5)处理好绝缘表面。剥削护套、绝缘屏蔽层、半导体时要细心,刀口不伤及绝缘。在绝缘层剥切以后,其表面的半导电层应用细砂纸充分打磨绝缘层表面,使其光滑。

(6)确保安装尺寸的精度。在安装冷缩主体时,按要求需要进行中心点校验,防止主体出现应力锥搭接不均的情况。

(7)加强电缆从业人员的技能培训。为提高电缆安装工艺水平,从业人员必须持证上岗,并建立完善的电缆附件制作质量监控机制,及时对从业人员的不良制作行为进行查处,警告或吊销其从业资格。

9.4 10kV 电缆故障在线检测现场案例

9.4.1 应用概况

电缆故障综合监测系统于 2018 年 3 月在 10kV 某电缆线路完成安装并投入使用,设备安装位置在 2 号箱变和 3 号箱变,从而实现两箱变之间的 10kV 某线 I 缆和 II 缆的故障在线实时监测,如图 9-11 所示。

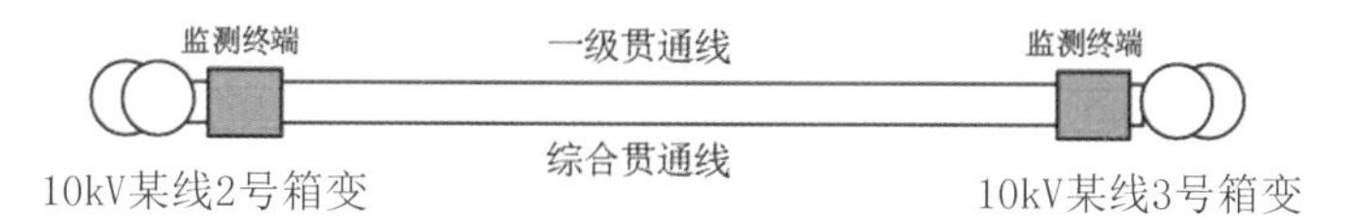

图 9-11　故障线路图

现场安装图片如图 9-12 所示：

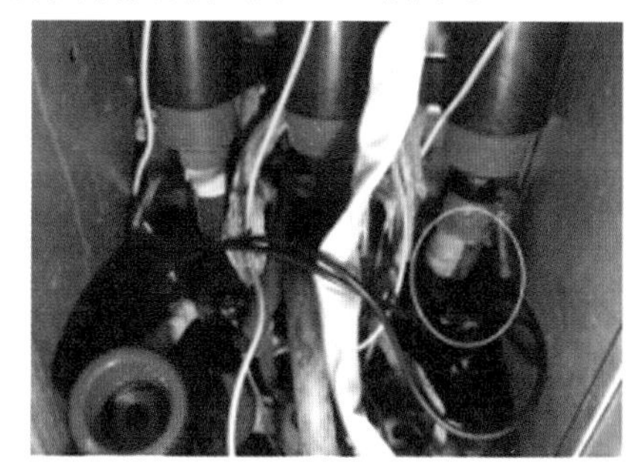

图 9-12　现场安装图

9.4.2　故障定位分析

电缆故障监测装置于 2017 年 4 月 1 日 20:01:58 在 10kV 某电缆线路一级贯通线上监测到分闸工频电流波形，在波形中故障电流增大多个周期后归零，符合线路发生故障时的工频电流特征,因此系统判断 10kV 某电缆线路一级贯通线于 2017 年 4 月 1 日 20:01:58 发生故障跳闸,如图 9-13 所示。

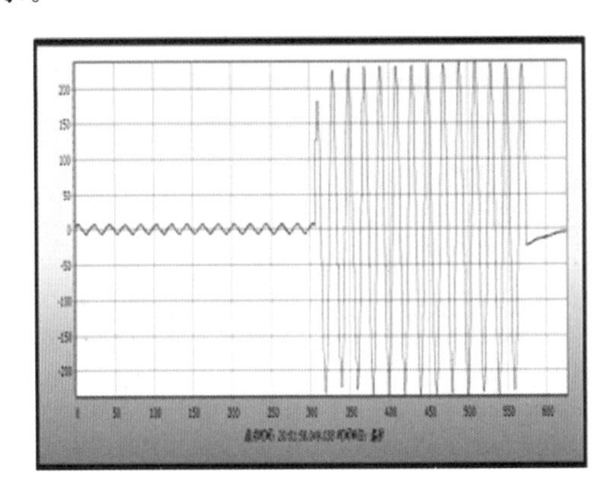

图 9-13　27 **号箱变故障分闸工频电流波形** 2017—04—01,20:01:58,361 **毫秒** 538 **微秒**

基于故障电流行波的精确定位过程:

故障时刻故障点产生的行波向两端箱变传播,如下图所示,故障电流行波第一次到达 2 号箱变的时刻为 1(如图 9-14 所示),第一次到达 3 号箱变的时刻为 1′(如图 9-15 所示),到达两端箱变的时间差为△T=8μs,基于端点外串入行波标定的行波在此电缆线上传播速度为 150m/μs，最终可以计算出故障点在距离 27 号箱变 1350m 处，如图 9-16 所示。

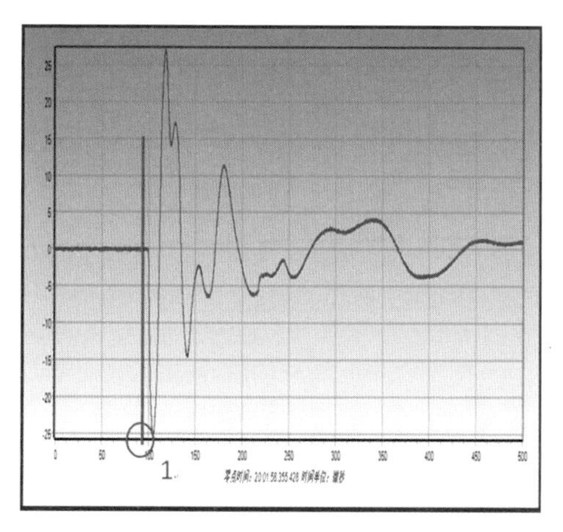

图 9-14　2 号箱变故障分闸高频电流波形

2017—04—01，20:01:58，355 毫秒 528 微秒

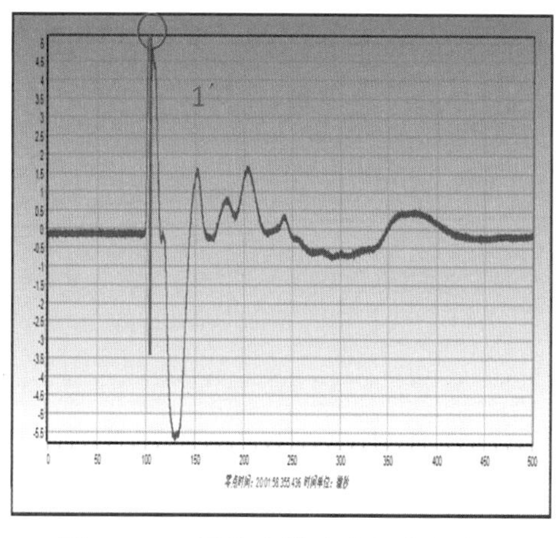

图 9-15　3 号箱变故障分闸高频电流波形

2017—04—01，20:01:58，355 毫秒 536 微秒

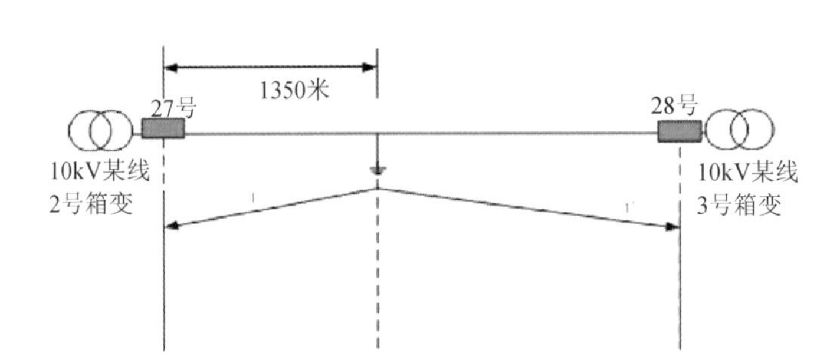

图 9-16　故障位置图

9.4.3　现场巡检情况

线路运维人员根据电缆综合监测系统的故障定位结果快速赶往故障点附近，在天窗期2h内，快速查找到故障点，以往没有安装电缆综合监测系统的线路，平均故障查找时间在3天左右，本系统大大提高了故障点排查速度。故障点现场图片如图9-17所示。

图 9-17　故障现场图

9.5 220kV 混架线路故障定位

9.5.1 应用概况

220kV 某线为电缆—架空混合线路,42 号终端塔至 43 号终端塔为电缆段,电缆长度 6500m,其两端安装了电缆故障在线定位装置,如图 9-18 所示。

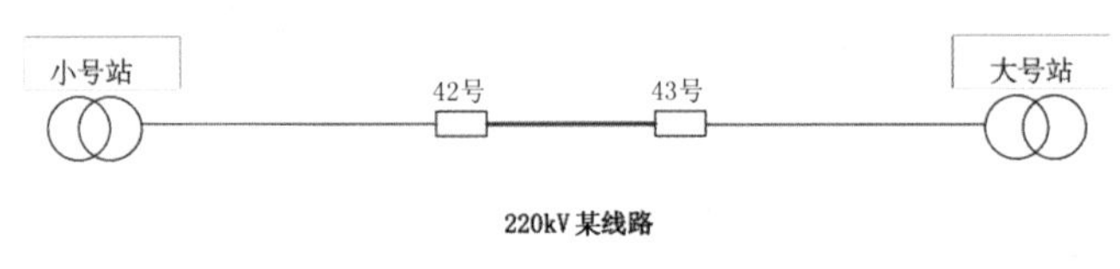

图 9-18 故障线路图

9.5.2 故障定位分析

1)工频故障区间确定

由图 9-19 电缆小号侧终端塔和图 9-20 电缆大号侧终端塔的故障工频电流波形极性相同(图 9-21),可知故障点在被监测电缆区间外。

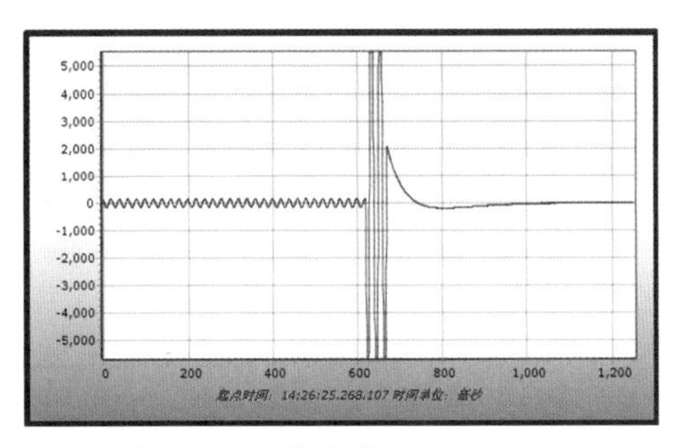

图 9-19　A 相小号侧故障分闸工频电流波形 2017－09－16,14:26:25,887 毫秒

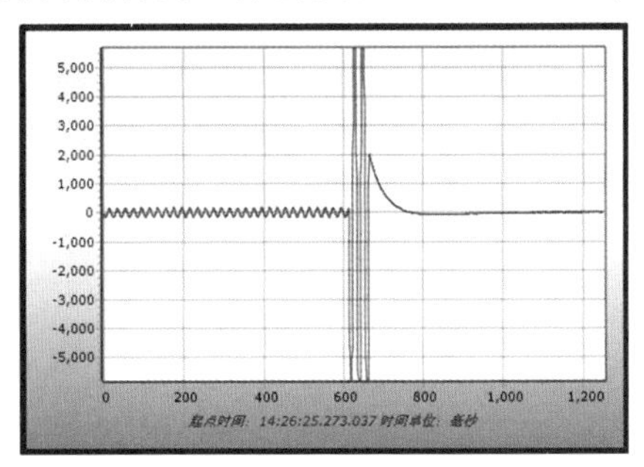

图 9-20　A 相大号侧故障分闸工频电流波形 2017－09－16,14:26:25,887 毫秒

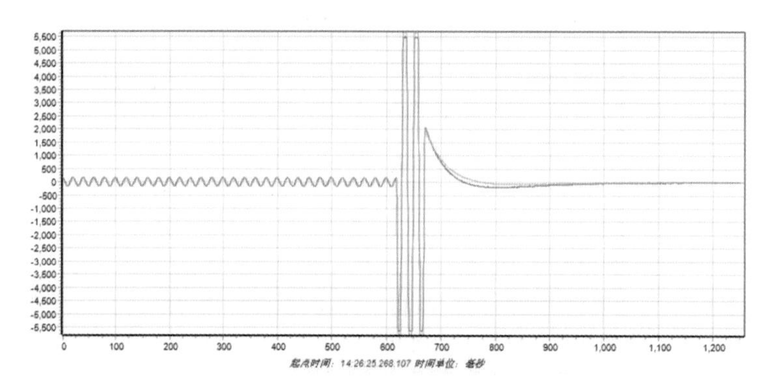

图 9-21　GPS 时间对齐波形融合图

2)行波定位

故障时刻故障点产生的行波向两端传播,故障时刻行波第一次到达小号侧终端塔的时刻为 1(如图 9-22),到达大号侧终端塔的时刻为 1(如图 9-23),行波极性相同,到达两监测点的时间差为△T＝38.790μs(先到小号侧),结合行波在此电缆线上传播速度为 168m/μs,定位故障点为小号侧区间外,如图 9-24 所示。

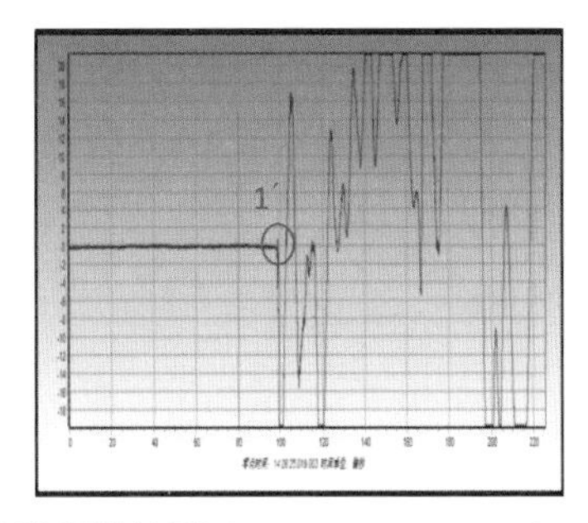

图 9-22　A 相小号侧故障行波波形 2017—09—16,14:26:25,887 毫秒 3.585 微秒

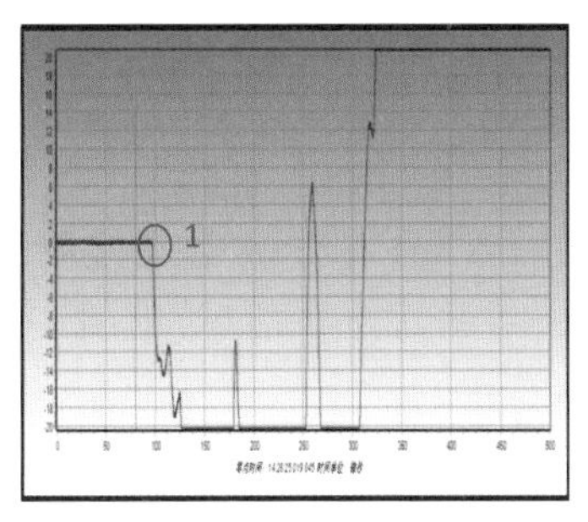

图 9-23　A 相大号侧故障行波波形 2017—09—16,14:26:25,887 毫秒 42.285 微秒

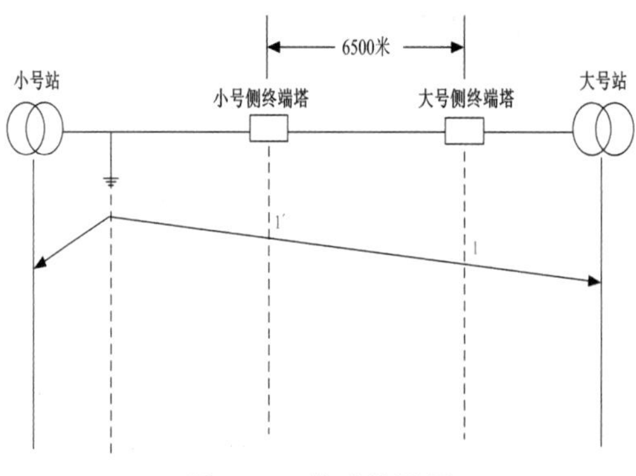

图 9-24　故障位置图

9.5.3　巡线结果

架空运维人员巡视发现架空段 32 号塔与 33 号塔之间某处存在放电的痕迹，疑似为树枝碰线。确认架空线路和电缆线路无其他异常后，申请一次重合闸，重合成功，线路恢复供电。